BEI GRIN MACHT SICH IHR WISSEN BEZAHLT

- Wir veröffentlichen Ihre Hausarbeit,
  Bachelor- und Masterarbeit

- Ihr eigenes eBook und Buch -
  weltweit in allen wichtigen Shops

- Verdienen Sie an jedem Verkauf

Jetzt bei www.GRIN.com hochladen und kostenlos publizieren

Bibliografische Information der Deutschen Nationalbibliothek:

Die Deutsche Bibliothek verzeichnet diese Publikation in der Deutschen National-
bibliografie; detaillierte bibliografische Daten sind im Internet über http://dnb.d-
nb.de/ abrufbar.

Impressum:

Copyright © 2012 GRIN Verlag, Open Publishing GmbH
Druck und Bindung: Books on Demand GmbH, Norderstedt Germany
ISBN: 9783668600683

Dieses Buch bei GRIN:

https://www.grin.com/document/385668

Peter Reelmann

Wie lassen sich Modellierungsaufgaben in den Schulunterricht integrieren? Chancen und Risiken des mathematischen Modellierens

GRIN Verlag

GRIN - Your knowledge has value

Der GRIN Verlag publiziert seit 1998 wissenschaftliche Arbeiten von Studenten, Hochschullehrern und anderen Akademikern als eBook und gedrucktes Buch. Die Verlagswebsite www.grin.com ist die ideale Plattform zur Veröffentlichung von Hausarbeiten, Abschlussarbeiten, wissenschaftlichen Aufsätzen, Dissertationen und Fachbüchern.

Besuchen Sie uns im Internet:

http://www.grin.com/

http://www.facebook.com/grincom

http://www.twitter.com/grin_com

Institut für
Pädagogik der Naturwissenschaften und
Mathematik Christian-Albrechts-Universität zu
Kiel

Wintersemester 2012/13

Hausarbeit zum Thema: Kompetenzbereich

Mathematisches Modellieren

vorgelegt
von Peter
Reelmann

Inhalt

I. Einführung

Obwohl in den Beschlüssen der Kultusministerkonferenz zu den Bildungsstandards im Fach Mathematik für die Allgemeine Hochschulreife vom 18.10.2012 erneut die Bedeutung aller mathematischen Kompetenzen „als unverzichtbare Grundlage für die Arbeit in der Sekundarstufe II" (KMK Bildungsstandards 2012, S.10) betont wird, führt das mathemati- sche Modellieren und die damit verbundenen Realitätsbezüge doch weiterhin „ein Schat- tendasein" (Maas 2004, S. 10) im Mathematik-Unterricht der Sekundarstufe I. Nicht nur schülerbezogene Barrieren spielen hier eine große Rolle, auch die Lehrkräfte fühlen sich oftmals durch den erhöhten Zeit- und Planungsaufwand und die fehlende Präsenz von konkreten Anregungen zu Modellierungsaufgaben im Lehrplan überfordert. Zudem können Ängste vor Kontrollverlust, ob bei der Leistungsmessung oder in nicht bekannten Sach- kontexten, eine große Rolle bei der Entscheidung gegen Modellierungsaufgaben spielen. (Vgl. Blum 1996, S. 29-31)

Diese Arbeit soll sich jedoch nicht ausschließlich mit Grenzen und Barrieren befassen, die mit dieser Kompetenz einhergehen. Vielmehr sollen Anregungen gegeben werden, wie Modellierungsaufgaben in den Schulunterricht integriert werden können. Welche Ziele las- sen sich verfolgen? Welche Chancen ergeben sich durch die Integration von Modellie- rungskontexten? Daneben ist es unerlässlich die mit diesen Aufgaben und dem Modellie- rungsprozess verbundenen Fehlvorstellungen der Schülerinnen und Schüler zu analysie- ren, um diesen von Beginn an entgegenwirken zu können. Da die Vermittlung von me- takognitiven Modellierungskompetenzen für die Ausbildung dieser mathematischen Kom- petenz eine bedeutende Grundlage darstellt (Maas 2004, S.10), wird zudem der soge- nannte siebenschrittige Modellierungskreislauf nach Blum/Leiß (2005) sowie der verein- fachte Lösungsplan, der im Rahmen des DISUM-Projektes und speziell für die Sekundar- stufe I entwickelt wurde, Bestandteil dieser Arbeit sein. Anregungen, wie mathematisches Modellieren im Unterricht angewendet werden kann, werden im letzten Abschnitt vorge- stellt.

Schon seit Mitte der neunziger Jahre und nach den durchschnittlichen Ergebnissen deut- scher Schülerinnen und Schüler bei der TIMSS (1997) werden Forderungen nach einer grundsätzlichen Reformierung des Mathematikunterrichts und einer veränderten Schwer- punktsetzung immer lauter. Der Unterricht sei zu „stark auf die temporäre Einführung von Kalkülen und Verfahren hin orientiert" (Blum 1998,

S. 12). Gefordert wird die verstärkte Einbeziehung von Realitätsbezügen in den Unterricht. Dadurch soll nicht nur das allge- mein-gesellschaftlich sehr negativ gezeichnete Bild von Mathematik einen Wandel erfah- ren, sodass „Mathematik als nützliches, mitunter unentbehrliches Werkzeug zum Umwelt- verstehen, zur Lebensbewältigung und zur Erschließung vieler Berufs- und Studienfelder" (Blum/Neubrand 1998, S. 13) wahrgenommen wird. Der Mathematikunterricht soll die Schülerinnen und Schüler daneben verstärkt zum eigenständigen Denken, zum Entwi- ckeln und Bewerten eigener Lösungsansätze erziehen, sie damit also zu mündigen Bür- gern unserer Gesellschaft formen.

Erste Zuwächse im mathematischen Kompetenzerwerb der Schülerinnen und Schüler konnten in der PISA-Studie 2009 sichtbar gemacht werden. Begründet wird dies dadurch,

„dass die in den vergangenen Jahren in Deutschland ergriffenen, umfangreichen Maß- nahmen zur Verbesserung des schulischen Kompetenzerwerbs im Fach Mathematik beginnen, Wirkung zu zeigen" (Klime/Artelt 2010, S. 172). Hier wird unter anderem die Ein- führung bundesweiter Bildungsstandards als Grund aufgeführt, doch stellt dies nur einen von vielen Schritten dar, die umgesetzt werden müssen, um die gesteckten Ziele in den nächsten Jahren zu erreichen.

II. Definitionen

Nach den KMK-Bildungsstandards geht es bei der Kompetenz „Mathematisches Modellie- ren" um „den Wechsel zwischen Realsituationen und mathematischen Begriffen, Resulta- ten oder Methoden. Hierzu gehört sowohl das Konstruieren passender mathematischer Modelle als auch das Verstehen oder Bewerten vorgegebener Modelle." (KMK, S. 17) Eine Modellierungsaufgabe ist daher immer eine realitätsbezogene Aufgabe mit substantiellen Übersetzungsanforderungen zwischen Realität und mathematischer Welt. Damit geht es vor allem um die Bildung von deskriptiven Modellen, also um Modelle, die die Realität be- schreiben oder erklären sollen, im Gegensatz zu den normativen Modellen, die die Realität gestalten oder vorhersagen können.

Nach Maaß umfassen Modellierungskompetenzen „die Fähigkeiten und Fertigkeiten, Mo- dellierungsprozesse zielgerichtet und angemessen durchführen zu können sowie die Be- reitschaft, diese Fähigkeiten und Fertigkeiten in Handlungen umzusetzen." (2004, S. 173-

3

74) Daneben werden des Weiteren Teilkompetenzen genannt, die unter anderem die Be- herrschung der Teilschritte des Modellierungskreislaufes umfassen und damit metakogni- tive Modellierungs-kompetenzen mit einschließen. Es wird deutlich, dass auch die Motiva- tion der Schülerinnen und Schüler eine wesentliche Rolle spielt und daher eine Änderung des doch überwiegend negativen Bildes des Faches Mathematik durch Modellierungspro- zesse erreicht werden soll. Mathematikunterricht soll also als sinnhaft und als Werkzeug, um Probleme des Alltags lösen zu können, erkannt werden. Somit soll durch den Modellie- rungsprozess keine wissenschaftlich-humanistische Richtung verfolgt werden, die ihren Schwerpunkt in der Vermittlung von beziehungshaltiger Mathematik sieht, sondern die pragmatische Richtung, die sich ganz außermathematischer Probleme widmet.

III. Ziele und Nutzen

Der Mathematikunterricht soll, wie bereits festgestellt, nicht dazu dienen, den Schülerinnen und Schülern lediglich Kompetenzen zum Lösen innermathematischer Probleme zu ver- mitteln, sodass der Unterricht ausschließlich auf dem Auswendiglernen von Lösungsver- fahren und deren Anwendung beruht. Vielmehr soll es darum gehen, „Schülern kompeten- tes Handeln in Alltagssituationen zu ermöglichen" (Blum 1996, S. 16). Das heißt: „ [_] wirklich unentbehrlich für die Allgemeinbildung sind Anwendungen der Mathematik erst, wenn in Beispielen aus dem gelebten Leben erfahren wird, wie mathematische Modellbil- dung funktioniert und welche Art von Aufklärung durch sie zustande kommen kann" (Win- ter 1995, S. 38).

Durch die Anwendung von Modellierungsaufgaben in den Unterricht lassen sich verschie- dene Ziele erfüllen, die dazu beitragen, den Lernenden ein angemessenes Bild von Ma- thematik zu vermitteln (Vgl. zu Zielen: Maas 2004, S. 26-27). Die Schülerinnen und Schü- ler sollen nicht nur die Bezüge zwischen Mathematik und der realen Welt ermitteln können, sondern auch Grenzen der Mathematisierbarkeit kennenlernen und dabei ebenfalls für den Missbrauch von Mathematik sensibilisiert werden. Sie sollen daher die allgemeine Wissenschaftsgläubigkeit ablegen und lernen, geschönte Statistiken und Prognosen ent- larven zu können.

Durch Realitätsbezüge können die Schülerinnen und Schüler lernen,

4

Umweltsituationen eigenständig zu erschließen und Alltagsprobleme zu bewältigen. „Unter Umweltsituationen werden solche Situationen verstanden, die für die Lernenden in ihrem jetzigen oder zu- künftigen Leben relevant sind" (Maas 2004, S. 26). Mathematisches Modellieren im Unter- richt kann weiter zum Verfestigen von heuristischen Strategien sowie beim Aneignen von Problemlöse- und Argumentationsfähigkeiten bei den Lernenden beitragen. Gerade auf lernpsychologischer Ebene können realistische Anwendungsbezüge helfen, die Schülerin- nen und Schüler zum Umgang mit Mathematik zu motivieren und das allgemein- gesellschaftliche negative Bild, welches dem Mathematikunterricht anhaftet, verbessern. Mathematik kann daher in der Welt der Lernenden einen sinnhaften Charakter annehmen. Somit lassen sich die genannten Ziele auch mit den drei Grunderfahrungen (Umwelter- schließung, Mathematik als deduktives System begreifen, Aufbau von Problemlösekompe- tenzen) nach Winter vereinbaren (1995, S. 37).

„Selbstständiges, aktives und mitverantwortliches Lernen und Betreiben von Mathematik durch Schülerinnen und Schüler" (Blum/Neubrand 1998, S. 13) kann somit durch Anwen- dungsbezüge im Mathematikunterricht gefördert werden. Damit entsprechen die Ziele auch den von Blum nach der TIMSS (1997) geforderten „Veränderungen der Unterrichts- kultur", um eine Verbesserung der Schülerleistungen im Fach Mathematik zu gewährleis- ten und die gestellten fachdidaktischen Anforderungen zu realisieren.

Durch die Anwendung von Realitätsbezügen im Unterricht können verschiedene „Kompe- tenzen zum Anwenden von Mathematik in einfachen und komplexen unbekannten Situati- onen" (Maas 2004, S. 26) vermittelt werden. Wie anhand des Modellierungskreislaufes noch gezeigt werden soll, können wir daher durch die Einbindung von Modellierungsauf- gaben verschiedene mathematische Kompetenzen auf unterschiedlichen Anforderungs- ebenen ansprechen. Somit ist es möglich, den Lernenden ein ganzheitliches und ange- messenes Bild der Mathematik zu vermitteln. Interpretations- und Argumentationsfähigkei- ten sowie mathematisches Kommunizieren und Problemlösen stellen hier nur Beispiele für grundlegende Kompetenzen dar, die von den Schülerinnen und Schülern beim Modellie- ren weiterentwickelt werden können. In der Fachliteratur wird immer wieder die Bedeutung der Metakognition betont. Daher ist es wichtig die Schülerinnen und Schüler von Beginn an bei der Ausbildung dieser zu unterstützen und zu begleiten.

IV. Der Modellierungskreislauf

Modellieren kann als Ablauf einer Reihe von Teilschritten beim Lösen eines Problems de- finiert werden. Das Ablaufschema, in dem festgelegt ist, in welcher Reihenfolge diese schritt durchlaufen werden, wird Modellierungskreislauf oder Modellierungszyklus genannt. Er beschreibt somit den idealtypischen Lösungsprozess von Modellierungsaufgaben. In der Literatur lässt sich eine Reihe von verschiedenen Varianten des Kreislaufes finden. Diese unterscheiden sich in der Beschreibung und Definition, sowie der Anzahl der einzelnen Teilschritte. (Borromeo Ferri 2006, Borromeo Ferri/Kaiser 2006). Eine der am häufigs- ten verwendeten Varianten des Modellierungskreislaufes ist die von Blum/Leiß (2005). Dieser relativ komplexe Kreislauf besteht aus sechs Stadien, und sieben Übergangspro- zessen, den *Modellierungsschritten*, welche die Stadien miteinander verbinden.

Der Ausgangspunkt des Modellierungskreislaufes ist eine Realsituation, in der eine kon- krete Problemstellung gegeben ist, für die man eine Lösung sucht. Diese kann z.B. dem Alltag entspringen oder in Form einer Textaufgabe vorliegen. Der erste Schritt besteht dann im *Verstehen* der Situation und *Erfassen* der Problemstellung. Es wird ein mentales Modell konstruiert. Dieses Situationsmodell enthält in der Regel noch eine Vielzahl unter- schiedlicher und für die Lösung irrelevanter Informationen. Durch *Vereinfachen, Strukturie- ren* und gegebenenfalls *Idealisieren* gelangt man dann zum sogenannten Realmodell, bei dem Klarheit darüber herrscht, was gegeben ist, welche Informationen gegebenenfalls noch beschafft werden müssen, und was gesucht wird. Beim anschließenden *Mathemati- sieren* werden diese Informationen in mathematische Symbole und Ausdrücke überführt, wodurch ein mathematisches Modell entsteht. Dieser Prozess kann dabei gleichbedeutend mit Modellieren im engeren Sinne aufgefasst werden, nämlich der Darstellung eines realen Sachverhaltes durch Zahlen, Operatoren, Tabellen, Graphiken, etc.. (Blum 1996 S. 19)In einigen Fällen kann es dabei vorkommen, dass eine klare Unterscheidung von Realmodell und mathematischem Modell nur schwer bis gar nicht vorgenommen werden kann, da die Verwendung von Zahlen oder geometrischen Formen direkt zum mathematischen Modell führt. (Maaß 2004 S. 289).Beim anschließenden Prozess des *mathematischen Arbeitens*, wird durch die Anwendung mathematischer Kenntnisse und heuristischer Verfahren nach einer Lösung gesucht. Am Ende dieses rein innermathematischen Prozesses steht das mathematische Resultat. Beim Vorgang des *Interpretierens* gilt es dann, diese mathemati- schen Ergebnisse wieder in reale Ergebnisse zu übersetzen, d.h. sie in einen Zusammen- hang mit der ursprünglichen Problemstellung zu bringen, womit man wieder in der realen Welt angelangt wäre. Das *Interpretieren* kann somit als spiegelbildlicher Prozess zum *Ma- thematisieren* gesehen werden. An dieser Stelle ist der Modellierungskreislauf allerdings noch nicht beendet, denn das reale Resultat muss noch hinsichtlich seiner Gültigkeit und Aussagekraft beurteilt werden. Dies geschieht beim anschließenden *Validieren* bzw. *kriti- schen Reflektieren* des realen Resultats. So wird z.B. hinterfragt, ob die angegebenen Größenordnungen plausibel oder die Genauigkeit des Ergebnisses ausreichend und sinn- voll ist, und ob somit die Ausgangsfrage des Situationsmodells hinreichend beantwortet werden konnte. Erscheint die gefundene Lösung als nicht angemessen, so muss der Kreislauf von dieser Stelle aus, also dem Situationsmodell, mit möglicherweise veränder- ten Annahmen oder anderen Lösungsverfahren erneut durchlaufen werden. Ist die Lö- sung plausibel, muss diese, gegebenenfalls um zusätzliche Informationen erweitert und ergänzt, dem Aufgabensteller noch verständlich dargelegt werden. Dieser Prozess des *Darlegens* repräsentiert den Übergang des Situationsmodells in die Realsituation, und stellt somit den Abschluss des Modellierungsprozesses dar. (IQB 2009 S. 78-81, Riebel 2010 S.17-23).

Deutlich wird, dass die einzelnen Modellierungsschritte des Kreislaufes zum Teil stark mit anderen mathematischen Kompetenzen korrespondieren. Im engeren Sinne werden daher nur das Vereinfachen und Strukturieren, das Mathematisieren, das Interpretieren und das Validieren zur Kompetenz des Modellierens gezählt (IQB 2009 S. 78 und Blum 2007 S. 6). Da Modelle vereinfachte, auf wesentliche Merkmale reduzierte Darstellungen der Wirklich- keit sind, die aber in der Realität geltende zentrale Merkmale und Relationen enthalten, kann der Modellierungskreislauf selbst als ein Modell gesehen werden. Dabei kann ihm sowohl ein deskriptiver als auch ein präskriptiver, also normativer Charakter zugesprochen werden. Deskriptiv als Beschreibung dafür, wie der Prozess bei den meisten Menschen tatsächlich abläuft (Borromeo Ferri/Leiss/Blum 2006), und normativ im Sinne einer Vorla- ge, wie eine Modellierungsaufgabe zu bearbeiten ist. Das Wissen über den idealtypischen Ablauf des Modellierungsprozesses kann dabei als Bestandteil der Modellierungskompe- tenz gesehen werden, da solches Wissen dem Lernenden metakognitive Prozesse der Planung während des Modellierens erleichtere. Dabei ist der siebenschrittige Modellie- rungskreislauf aufgrund seiner Differenziertheit für diagnostische Zwecke für Lehrkräfte sehr gut geeignet. Die Schülerinnen und Schüler haben jedoch häufig Schwierigkeiten zwischen den sieben Schritten und den Stadien zu unterscheiden. (Maaß 2004 S. 21, S. 34).

Aus diesem Grund wurde im Rahmen des DISUM-Projekts ein vierstufiger Lösungsplan entwickelt, der den Schülerinnen und Schülern die Abläufe beim Modellieren besser ver- ständlich machen soll[1]. Die Komplexität ist wesentlich reduziert worden, indem die sieben Prozesse bzw. Schritte zu vier Schritten verdichtet worden sind, und auf die Benennung der Stadien zugunsten der Prozesse verzichtet wurde. Der erste Schritt *Aufgabe verste- hen* entspricht dabei dem ersten Schritt des siebenschrittigen Kreislaufes. Der Schritt *Mo- dell erstellen* umfasst den zweiten und den dritten Schritt, also das Vereinfachen und Strukturieren sowie das Mathematisieren. Dem Schritt des *mathematischen Arbeitens* folgt dann der Schritt *Ergebnis erklären*, welcher in den Prozessen des Interpretierens, des Va- lidierens und des Darlegens seine Entsprechung findet. Dieser vereinfachte Lösungsplan baut dabei auf den grundlegenden Bestandteilen des Lösungsprozesses einer Aufgabe auf: den Fragen nach dem in der Aufgabe Gegebenen und Gesuchten, der Rechnung an sich sowie dem abschließenden und erklärenden Antwortsatz. Da die Schülerinnen und Schüler dieses Vorgehen bereits in der Grundschule erlernen, kann darauf aufbauend die spätere Erarbeitung des Lösungsplanes im Rahmen des Modellierens erfolgen. (IQB 2009 S. 81)

V. Fehlvorstellungen und Barrieren

Nachdem erläutert wurde, was die Einbindung von Modellierungsaufgaben in den Mathe- matikunterricht leisten kann und welche Chancen sich durch die Verwendung von Realitätsbezügen ergeben, ist es sowohl wichtig,

---

[1] DISUM (Didaktische Interventionsformen für einen selbstständigkeitsorientieren aufgabengesteuerten Unterricht am Beispiel Mathematik) ist ein im Jahr 2002 begonnenes DFG-Projekt (Ltg.: Blum, Messner (unoversität Kassel), Pekrun (Universität München))

Fehlvorstellungen seitens der Schülerinnen und Schüler aufzuzeigen, die die Lernfortschritte und die Aneignung der mathematischen Kompetenzen behindern können, als auch lehrerbezogene Barrieren darzustellen, die überwunden werden müssen, um eine adäquate Beschäftigung mit Modellierungsprozes-

Zunächst sind Modellierungsaufgaben und Realitätsbezüge oft mit einem hohen Zeitauf- wand verbunden. Explizite Vorgaben oder Anregungen zur Vermittlung der Kompetenz

„Mathematisches Modellieren" werden im Lehrplan der Sekundarstufe I des Landes Schleswig-Holstein nicht gegeben. Oft fühlen sich Lehrkräfte nicht imstande im ohnehin schon stark ausgelasteten Zeitplan die nötigen Freiräume für langwierige Modellierungs- aufgaben zu schaffen. Auch die Schülerinnen und Schüler zeigen vermehrt Widerstände gegen die ungewohnt lange Beschäftigung mit nur einer Aufgabe.

Ein weiteres Hindernis stellt die Offenheit von Modellierungsaufgaben dar. Lehrende be- gegnen dem daraus resultierenden Kontrollverlust oft mit großer Skepsis. Hinzu kommt die Erschwernis der Leistungsbewertung: Wie gehe ich als Lehrkraft mit verschiedenen, zum Teil sehr kreativen Lösungswegen, um? Wie bewerte ich die individuellen Schülerleistun- gen? Wie kann ich die erworbenen Fähigkeiten und Kompetenzen testen? Der Lehrende muss sich ebenfalls darauf vorbereiten, dass Schülerinnen und Schüler in einzelnen Sachkontexten oft mehr Vorerfahrungen und Wissen mitbringen als sie selbst. „Mancher Lehrer mag von seinem Mathematikbild her bezweifeln, ob so etwas überhaupt zum Ma-thematikunterricht gehört, mag befürchten, daß seine Autorität untergraben wird, wenn er nicht mehr der unumstrittene Experte ist" (Blum 1996, S. 30). Auch bei den Lernenden kann es dadurch zum Akzeptanzverlust von Modellierungsaufgaben kommen, da aus Sicht der Schülerinnen und Schüler oft mehr die persönlichen Vorerfahrungen als die ma- thematischen Kenntnisse eine Rolle spielen.

Es wird deutlich, dass die großen Chancen, die Anwendungsbezüge im Unterricht bieten, ebenso großen Barrieren gegenüberstehen. Patentrezepte, wie man diese Hindernisse er- folgreich überwinden kann, gibt es leider nicht. Wichtig ist, dass sich die Lehrkraft bewusst wird, mit welchen Problemen sie konfrontiert werden kann, um dann individuell reagieren zu können und mit Selbstbewusstsein nach

Lösungen zu suchen. Mut zum Experimentie- ren gehört genauso dazu wie die Akzeptanz des Kontrollverlustes.

Neben diesen Barrieren müssen sich Lehrkräfte weiter mit Fehlvorstellungen der Schüle- rinnen und Schüler bezüglich des Modellierungsprozesses auseinandersetzen. Trotz der Bereitstellung eines Modellierungskreislaufes bzw. Lösungsplans müssen die Lernenden individuelle kognitive Hürden überwinden, die je nach Sachkontext sowie Komplexität und Anspruch der Aufgabenstellung unterschiedlich stark ausgeprägt sein können.

So meinen einige Schülerinnen und Schüler, dass sie beim Aufstellen des Realmodells soweit vereinfachen zu dürfen, dass die Rechnung möglichst einfach wird: „ ‚Es ist so viel lockerer mit den Realität[saufgaben] und dann lässt man des mal weg und dann tut man des mal dazu.' (Schülerin, 1. Interview, 24.1.02)" (Maas 2004, S. 163). Beim Aufstellen der Modelle muss zielorientiertes Arbeiten im Vordergrund stehen. Das heißt, die Schülerin- nen und Schüler müssen sich zunächst bewusst Gedanken machen, welche Forderungen sie an ihre Lösung stellen. Es ergeben sich drei Spannungsfelder, die sich gegenseitig be- einflussen und die die Lernenden in ihre Modellbildung mit einbeziehen müssen: Brauche ich eine schnelle Lösung oder kann ich zeitaufwendig arbeiten? Reichen mir abgeschätzte Daten oder brauche ich präzise? Soll die Lösung auf andere Problemstellungen übertrag- bar sein oder reicht mir eine spezielle Lösung? (Marxer 2005, S. 25)Zwar stellt der Modellierungskreislauf eine wichtige Hilfe beim Aufbau von metakognitiven Modellierungskompetenzen dar, doch wird der Prozess von den Schülerinnen und Schüler oft als zu statisch wahrgenommen. So entstehen Fehlvorstellungen bezüglich der Aufstel- lung eines mathematischen Modells besonders dann, wenn der Unterschied zum Realmo- dell nicht eindeutig ist, sodass beispielsweise ein Objekt schon im Realmodell durch einen Zylinder (daher eine geometrische Figur) approximiert wird. Diese Hürde versuchen die Lernenden dann zu überwinden, indem sie entsprechend der Kapitänsaufgabe vorgehen, das heißt, im Fokus steht nicht das zielgerichtete Arbeiten, sondern das reine Erlangen ei- nes Resultats. So wird die Hürde hier überwunden, indem versucht wird, durch das Auf- stellen von Graphen und Tabellen das mathematische vom Realmodell abzuheben, ohne dass es zweckmäßig wäre.

Eine weitere wichtige Fehlvorstellung, die bei mathematischen Problemlöseaufgaben im- mer wieder auftritt, ist, dass Lösungsintervalle nicht als

Lösung anerkannt werden. „Häufig wurde nur eine Zahl (und kein Graphen [sic!] oder keine Wertetabelle) als mathematische Lösung aufgefasst" (Maas 2004, S. 164). Gerade beim Validieren und Interpretieren kommt es zu negativen Assoziationen bei den Lernenden, sodass das Validieren mit einer Abwertung des Resultats gleichgesetzt wird: „ , Müssen wir jetzt alles wieder runterma- chen?' (mündliche Aussage einer Schülerin im Unterricht, 22.4.02)" (Maas 2004, S. 164). Da die beiden Schritte oft inhaltlich nicht auseinandergehalten werden können und der Sinn des Validierens nicht immer adäquat von den Schülerinnen und Schülern erfasst wird, gehen viele Lernende davon aus, dass beim Validieren und Interpretieren stets das Gleiche gemacht werden muss. Zudem wird das Validieren auch oft mit der Vergabe von (Schul-)Noten gleichgesetzt. Daher ist es wichtig das Validieren mit den Schülerinnen und Schülern separat zu üben, damit sie diesen wichtigen Teilschritt in seinen Grundzügen verstehen und seinen Sinn und Zweck vollständig erfassen. Anregungen, wie solche Übungen gestaltet werden können, gibt unter anderem Marxer (2005, S. 25-31).

Aus den genannten Fehlvorstellungen bei den einzelnen Modellierungsschritten resultie- ren allgemeine Fehlvorstellungen, die zur mangelnden Akzeptanz von Modellierungsauf- gaben und der eigenen erbrachten Leistungen während des Modellierungsprozesses füh- ren können. Eigene Lösungen erfahren so eine Abwertung durch die Lernenden: „Manche bezeichnen das Vorgehen von „Experte" oder „Autoritäten" als genau ohne es näher zu kennen, ihr eigenes jedoch als ungenau" (Maas 2004, S. 165). Verstärkt wird diese Ein- stellung dadurch, dass die Schüler meinen, beim Modellierungsprozess nichts falsch ma- chen zu können.

Die Anwendung von Modellierungsaufgaben benötigt, wie man unschwer erkennt, viel Zeit und Geduld, da sie für die Schülerinnen und Schüler oftmals ein unbekanntes Terrain dar- stellt. Doch sollte sich in Hinblick auf die Chancen niemand von den genannten Schwierig- keiten abschrecken lassen und sich der Herausforderung stellen, Modellieren im Unterricht zu integrieren.

VI. Anwendung im Unterricht

Der Einsatz von Modellierungsaufgaben im Unterricht soll dazu führen, dass die Schüler befähigt werden, selbstständig die Mathematik auf komplexe Probleme der realen Welt anzuwenden (Kaiser/Schwarz 2006 S. 56). Daher muss der Unterricht so angelegt wer- den, diese Selbständigkeit zu fördern, wofür es naturgemäß eine

Vielzahl von Möglichkeiten gibt (Maaß 2007). Die Darstellung eines systematischen Vermittlungskonzeptes zum Modellieren kann im Rahmen dieses Abschnitts allerdings nicht erfolgen. Dennoch sollen hier einige didaktische und methodische Überlegungen zur Behandlung von Modellie- rungsaufgaben und zum Aufbau von Modellierungskompetenzen skizziert werden.

In der alltäglichen Unterrichtspraxis finden, wie einleitend erwähnt, Modellierungsaufgaben bisher nur wenig Berücksichtigung. Häufig kommen nur eingekleidete Aufgaben in Form von Textaufgaben zu Standardmodellen zum Einsatz, die leicht in den Unterricht integrier- bar sind (Blum 1995 S. 9, Blum 1996 S. 29). Dabei geht es in der Regel um einfache, häu- fig künstliche Sachverhalte, wodurch den Schülerinnen und Schülern der Eindruck vermit- telt wird, dass jede Mathematikaufgabe lösbar sei und es eine eindeutige korrekte Lösung in Form einer Zahl gibt (STRATUM[2] Einführung S. 5 und Blum 2007 S. 4). Weiterhin wer- den die Aufgaben häufig von den Lernenden in die Kategorien *gehabt* und *nicht gehabt* eingeteilt (Blum 1996 S. 29). Diese Art der Modellierung folgt der Auffassung des episte- mologischen oder theoretischen Modellierens. Je nach Art der Ziele, die mit der Modellie- rung und den damit verbundenen Realitätsbezügen verbunden sind, gibt es entsprechend auch andere Auffassungen darüber, wie Modellierungskompetenzen grundsätzlich vermit- telt werden sollten. Sie lassen sich in realistisches (oder angewandtes), pädagogisches, kontextbezogenes und didaktisches Modellieren unterscheiden. (Borromeo Ferri/Kaiser 2006 S. 50-51) Auf der Metaebene, dem kognitiven Modellieren, sind die Perspektiven zu unterscheiden, wie „kognitionspsychologische Analysen kognitiver Prozesse beim Model- lieren (Blum/Leiss, Borromeo Ferri) oder Förderung mathematischer Denkprozesse durch Verwendung von Modellen als mentale Bilder oder als physikalische Repräsentanten (Skemp)" (Borromeo Ferri/Kaiser 2006 S. 51). Unabhängig davon sind allerdings die Moti- vation zur Auseinandersetzung mit und die Akzeptanz von Modellierungsaufgaben not- wendige Voraussetzungen für die Verbesserung der Modellierungskompetenz. Ein wichti- ger Aspekt betrifft dabei die Auswahl geeigneter Aufgaben. So wird gefordert, dass der Realitätsbezug der Aufgabe authentisch sein soll, d.h. dass die Problemstellung aus ei- nem bestimmten Fachgebiet stammt, und in diesem auch von entsprechender

---

[2] STRATUM (Strategies for teaching understandnig in and through modeling) war ein Projekt der Pädagoggischen Hochschule Freibung (2007-2010) unter Leitung von Katja Maaß und Christoph Mischo

Bedeutung ist. Der „Alltag" stellt dabei auch ein solches Gebiet dar, in dem die Menschen die Fach- leute sind (Maaß 2004 S. 22). Blum (1996 S. 26) beruft sich hingegen in seinen Ausfüh- rungen primär auf die Relevanz des Sachkontextes einer Aufgabe. Unter relevant versteht er eine Situation bzw. eine Aufgabenstellung dann, wenn sich mit ihr ein didaktischer Zweck gut verfolgen lässt. Somit akzeptiert er auch Aufgaben, die bewusst künstlich sind. Wichtig sei eine „intellektuelle Ehrlichkeit" (Blum 1996 S.24). In diesem Zusammenhang taucht bzgl. der Anwendung auch die Frage auf, ob sich die Aufgaben zum Thema Model- lieren eher an den Sachkontexten oder an der Fachsystematik orientieren sollten. Maaß (2004 S. 28) rät dazu, dass dabei die realitätsbezogenen Modellierungen zwar einen hohen Stellenwert haben sollten, aber die Orientierung an der Mathematik keinesfalls verloren gehen darf. Eine ähnliche Position vertreten sowohl Winter (1995 S. 38) als auch

Blum (1996 S. 24), der zwar die zunehmende soziale Dimension im anwendungsbezoge- nen Unterricht begrüßt, aber gleichzeitig vor einer Überbewertung der Schülerorientierung zu Lasten der Stofforientierung warnt (1996 S. 25 f.).

Neben der Wahl des Sachkontextes ist auch noch über die Wahl des Schwierigkeitsgra- des, also die Kompliziertheit, und die Komplexität einer Aufgabe zu entscheiden. Während der Schwierigkeitsgrad in die Anforderungsbereiche I-III eingeteilt werden kann (Blum 2004 S. 41) wird die Komplexität einer Aufgabe im Wesentlichen über die Offenheit der Aufgabenstellung, bzw. die Planungs- und Datenbeschaffungsphase, beeinflusst[3].

Neben diesen eher didaktischen Überlegungen, ist ebenfalls zu überlegen, auf welche Art und Weise die Aufgaben im Unterricht integriert werden können bzw. sollen. Eine Über- sicht verschiedener Ansätze erfolgt u.a. bei Blum/Niss (1991 S. 60). Dabei hängt die Wahl für eine bestimmte Methode nicht nur von der angestrebten Zielsetzung ab, sondern im Wesentlichen auch von den institutionellen Rahmenbedingungen. In den deutschen Lehr- plänen wird das Modellieren jedoch nicht explizit herausgestellt und findet so gut wie keine Berücksichtigung. Der vorgegebene 45-Minuten-Rhythmus ist diesbezüglich auch wenig hilfreich. Diese nicht optimalen Voraussetzungen stellen allerdings keine unüberwindbare Hürde dar (Maaß 2004 S. 287). Da es die Schüler gewohnt sind,

---

[3] Zum Thema Offenheit von Aufgaben vgl. Greenfrath (2004)

dass eine Aufgabe inner- halb einer Unterrichteinheit gelöst werden muss, kann es allerdings schwierig werden, Aufgaben zu behandeln, bei denen sämtliche Schritte des Modellierungskreislaufes durch- laufen werden müssen. Allerdings sind solche komplexen Aufgaben auch nur mit Schüle- rinnen und Schülern durchführbar, die bereits über ausreichende Modellierungskompeten- zen verfügen. Ein Einstieg in das Thema sollte aus Gründen der Akzeptanz in kurzen Un- terrichtseinheiten erfolgen (Maaß 2004 S. 289). Weiterhin sollten alle Schritte des Kreis- laufes auch separat und hinreichend thematisiert werden, um so der Entstehung von Fehl- vorstellungen bei den Lernenden, wie sie im vorangegangenen Abschnitt beschrieben wurden, vorzubeugen. Die für das Modellieren notwendigen Teilkompetenzen können da- bei gezielt durch Aufgaben, die ihren Schwerpunkt auf bestimmten Teilschritten haben, ge- fördert werden (STRATUM Einführung S. 6 f.). Aber auch die Thematisierung des Model- lierungskreislaufes bzw. des Modellierungsprozesses an sich ist für die Förderung me- takognitiver Fähigkeiten sinnvoll (Maaß 2004 S. 36).

Die Überlegungen zur Anwendung des Modellierens im Unterricht führen zwangläufig auch zu der Frage der Messbarkeit der angestrebten Kompetenz. Die Vielschichtigkeit und die Systemik des Modellierungsprozesses verlangen dabei nach Instrumenten, die in der Lage sind, sowohl die Wesenszüge des angewandten Problemlöseprozesses zu re- flektieren, als auch den Bedingungen formalisierter Prüfungen zu genügen. Blum (1996 S. 26) führt an, dass dazu zunächst die Frage, was Modellierungsfähigkeiten eigentlich ge- nau sind, beantwortet werden müsse. Auch die Form der Prüfungsleistung muss dabei überdacht werden. So kommen nach Maaß (2004 S. 37) sowohl mündliche oder schriftli- che Berichte sowie Präsentationen von Modellierungen vor der Klasse in Betracht. Im Ge- gensatz zu den üblichen einmaligen Leistungstests am Ende einer Unterrichtseinheit muss dabei ein Diagnose- bzw. Rückmeldeinstrument zur Messung der Modellierungs-

kompetenz beim gesamten Prozess des Modellierens begleitend eingesetzt werden (Bes- ser/Blum et. al. 2012).

VII. Schlussbetrachtung

Die Ausführungen in Abschnitt III dieser Arbeit haben gezeigt, dass die Integration des mathematischen Modellierens in die Unterrichtsplanung mit großen Chancen für die Ent- wicklung der mathematischen Fähigkeiten der Schülerinnen und Schüler verbunden ist. Dabei beschränken sich die angestrebten Fähigkeiten nicht allein auf das Fach Mathema- tik, sondern auch auf ein fächerübergreifendes Verständnis sowie auf die bessere Bewäl- tigung von Alltagssituationen, in denen mathematisches Verständnis und Können erforder- lich ist. In den Abschnitten V und VI ist jedoch deutlich geworden, wie schwierig dieses Unterfangen ist. So gibt es zahlreiche Möglichkeiten der Auswahl, der Einführung und der Behandlung bzw. Bearbeitung von Modellierungsaufgaben im Unterricht, je nachdem wel- che Ziele gerade verfolgt werden sollen. Demgegenüber stehen allerdings genauso viele Möglichkeiten, dabei Fehler zu machen. Ein wesentliches Hemmnis bzw. Hindernis bei dem Versuch, die Kompetenz „Mathematisches Modellieren" zu fördern, liegt meines Erachtens in der Problematik der (widersprüchlichen) Definition der (dieser) Kompetenz. In den Handreichungen zu Vera 8 steht: „Bildungsstandards sind bekanntlich fachdidaktisch begründete _ formulierte Leistungserwartungen an die Schülerinnen und Schüler." (IQB 2009 S. 6) Dabei werden die in den Bildungsstandards beschriebenen fachbezogenen Kompetenzen als „kognitive Fähigkeiten und Fertigkeiten" (S. 9), also dem Bereich der Er- kenntnis zugehörig, bezeichnet, auf der anderen Seite aber prozessorientiert, also dem Handlungs- und Erfahrungsbereich zugehörig, aufgegliedert. Weiter heißt es: „Die erwarte- ten Leistungen bestehen im Nachweis des Könnens _ , fachbezogene Problemaufgaben zu lösen." (S. 6) Nun zeigt sich das Können im Erkenntnisbereich als speicherbare Reprä- sentanz von Struktur, und im Erfahrungsbereich als singuläre Repräsentanz des Prozes- ses (Jongebloed 2001). Dies wird in den Handreichungen sogar explizit hervorgehoben: „

– v.a. dem tatsächlichen Handeln (-Können) und dem reflexiv-kritischen Bewerten (-Können) den entscheidenden Stellenwert einräumen,.." (IQB 2009 S. 6). Dazu führt Jon- gebloed aus: „ „Erkenntnis" und „Handeln" stehen so zueinander in Beziehung, daß es nicht möglich ist, aus Theorien oder gar einzelnen noch so geschickt neu geordneten Er- kenntnissen Handlungen und Handlungssicherheit für irgendeine konkrete Handlungssitu- ation zu gewinnen oder gar abzuleiten;" (2004, S. 8), und weiter „Dies nimmt der schuli- schen Aufbereitung, _ ‚jede

Möglichkeit; denn Prozesse, „kann man nicht unterrichten." (S. 16). Prozesse lassen sich aber möglicherweise durch Coaching (als eigenständiger Prozess) begleiten. (S. 16) Dies erklärt auch, warum die operationalisierten Zielvorgaben, also die Bildungsstandards, „lediglich" in Form von konkreten Testaufgaben gegeben sind (IQB 2009 S. 6), und die Kompetenzen nur anhand von Aufgaben illustriert und konkreti- siert werden. (S. 9) Hilfestellung für die Lehrer kommt hier allerdings von Seiten Blums, der als Folgerungen empirischer Untersuchungen Ansatzpunkte für die Förderung der Kompetenz „Mathematisches Modellieren" auflistet. Dazu gehören, den Erkenntnisbereich betreffend, neben den allgemeinen Kriterien für guten Mathematikunterricht und der The- matisierung des Lösungsplans auch die Hinweise auf die frühzeitige Einführung des Themas, die Steigerung der Komplexität, eine systematische Variation der Kontexte, den pa- rallelen Aufbau heuristischer Fähigkeiten und die Frequenz von Übungs- und Festigungs- phasen. (Blum 2007 S. 7-9) Unter Berücksichtigung der oben angesprochenen Problema- tik, dass Prozesse nicht unterrichtet, sondern bestenfalls begleitet werden können, scheint mir der Hinweis auf eine ausgewogene „Balance zwischen größtmöglicher Schülerselb- ständigkeit und geringstmöglicher Lehreranleitung" (S. 9) zielführend. Blum bezeichnet die Wahrung dieser Balance als „operativ-strategisches" Vorgehen, in Abgrenzung zu in- haltsbezogenen Interventionen (S. 10), und verweist hier auf das Montessori-Prinzip: „Hilf mir, es selbst zu tun".(S. 9) Erste Empirische Untersuchungen bestätigen diesen Hinweis. (siehe auch Besser/Blum et. al. 2012)

Literatur

Besser, M., Blum, W., Leiss, D., Klimczak, M., Klieme, E., Rakoczy, K. (2012): Auswirkung kompetenzorientierter, prozessbezogener und individueller Leistungsbewertung und - rückmeldung auf das Lernen von Mathematik am Beispiel einer empirischen Unterrichts- studie, *Beiträge zum Mathematikunterricht 2012 in Weingarten* (S. 121-124).

Blum, W., Niss, M. (1991): Applied Mathematical Problem Solving, Modelling, Applications, and Links to Other Subjects – State, Trends and Issues in Mathematics Instruction. In: Educational Studies in Mathematics 22(1), 37-68

Blum, W. (1996): Anwendungsbezüge im Mathematikunterricht - Trends und Perspektiven. In: Trends und Perspektiven (Hrsg.: G. Kadunz u. a.), Schriftenreihe Didaktik der Mathe- matik, Bd. 23, Hölder-Pichler-Tempsky, Wien, S. 15-38.

Blum, W., Neubrand, M. (Hrsg.). (1998): TIMSS und der Mathematikunterricht – Informati- onen, Analysen, Konsequenzen. Hannover: Schroedel.

Blum, W., Leiß, D. (2005): „Modellieren im Unterricht mit der „Tanken"- Aufgabe". In: mathematik lehren, Heft 128, S. 18-21.

Blum, W./ Drüke-Noe, C./ Hartung, R./ Köller, O. (2006): Bildungsstandards Mathematik: konkret. Sekundarstufe I: Aufgabenbeispiele, Unterrichtsanregungen, Fortbildungsideen. Cornelsen Scriptor, Berlin.

Blum, W. (2007): Mathematisches Modellieren – zu schwer für Schüler und Lehrer?. In: Beiträge zum Mathematikunterricht 2007(S. 3–12). Hildesheim: Franzbecker

Borromeo Ferri, R. (2006): Theoretical and empirical differentiations of phases in the modelling process. *Zentralblatt für Didaktik der Mathematik, 38*(2), 86-95.

Borromeo Ferri, R., Kaiser, G. (2006): Perspektiven zur Modellierung im Mathematikunter- richt - Analysen aktueller Ansätze, *Beiträge zum Mathematikunterricht 2006 in Osnabrück* (S. 50-52). Hildesheim: Franzbecker.

Borromeo Ferri, R., Leiss, D., Blum, W. (2006): Der Modellierungskreislauf unter kognitionspsychologischer Perspektive, *Beiträge zum Mathematikunterricht 2006 in Osnabrück* (S. 53-55). Hildesheim: Franzbecker.

Greefrath, G. (2004): Offene Aufgaben mit Realitätsbezug. Eine Übersicht mit Beispielen und erste Ergebnisse aus Fallstudien. In: *mathematica didactica*, 27(2004) 2, 16–38. IQB Hrsg. (2009): Handreichungen zu Vera 8 Mathemathik 2009, Verfügbar unter: http://www.nibis.de/nli1/allgemein/gosin/vergleich/v8-2009/Mathe_Handreichung_THA.pdf (Stand: 15.02.2013)

Jongebloed, H.-C. (2001): Bildung zwischen Struktur und Prozeß – oder: Über die Kon- struktion des Zerfalls, in: Verband der Lehrerinnen und Lehrer an Wirtschaftsschulen Lan- desverband Schleswig-Holstein e.V. (Hrsg.), VLW Akzente – Berufsbildung in Schleswig- Holstein, Heft 1, Kiel 2001, bajOsch – Hein Verlag für Berufs- und Wirtschaftspädagogik, S. 7 - 14

Jongebloed, H.-C. (2004): »Komplementarität« als Prinzip beruflicher Bildung – oder: Wa- rum der »Lernfeldansatz« weder dem Grunde nach funktionieren noch seine eigenen Ziele erreichen kann. Veröffentlicht nur unter http://www.uni-kiel.de/paedagogik/ jongebloed/ publikationen/jongebloed/Jongebloed_%282004%29_Komplementaritaet.pdf (Stand: 15.02.2013)

Kaiser, G., Schwarz, B. (2006): Modellierungskompetenzen – Entwicklung im Unterricht und ihre Messung, *Beiträge zum Mathematikunterricht 2006 in Osnabrück* (S. 56-58). Hil- desheim: Franzbecker.

Klieme, E./Artelt, C. u.a. (Hrsg.). (2010): PISA 2009 - Bilanz nach einem Jahrzehnt. Müns- ter/New York/München/Berlin: Waxmann.

Maaß, K. (2004): Mathematisches Modellieren im Unterricht. Franzbecker, Hildesheim.

Maaß, K. (2007): Mathematisches Modellieren – Aufgaben für die Sekundarstufe I. Cornelsen Scriptor, Berlin.

Marxer, M. (2005): Validieren Lernen. In: Praxis der Mathematik in der Schule – Sekun- darstufe 1 und 2, 47, S. 25-31.

Riebel, J. (2010): Modellierungskompetenzen beim mathematischen Problemlösen - In- ventarisierung von Modellierungsprozessen beim Lösen mathematischer Textaufgaben und Entwicklung eines diagnostischen Instrumentariums. Dissertation am Fachbereich Psychologie der Universität Koblenz – Landau. Verfügbar unter: kola.opus.hbz- nrw.de/volltexte/2010/503/pdf/Publikation.pdf (Stand: 15.02.2013)

STRATUM (Strategies for teaching understanding in and through modeling), Abruf unter: https://www.ph-freiburg.de/stratum/tl_files/stratum/dateien/Einfuehrung.pdf (Stand: 15.02.2013)

Anhang

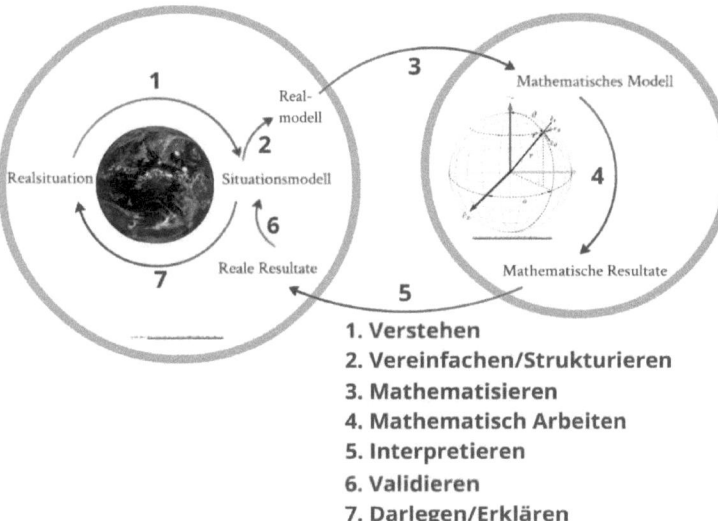

1. Verstehen
2. Vereinfachen/Strukturieren
3. Mathematisieren
4. Mathematisch Arbeiten
5. Interpretieren
6. Validieren
7. Darlegen/Erklären

Abb.: Kreislauf „Mathematisches Modellieren" in Anlehnung an Blum/Leiß (2005)

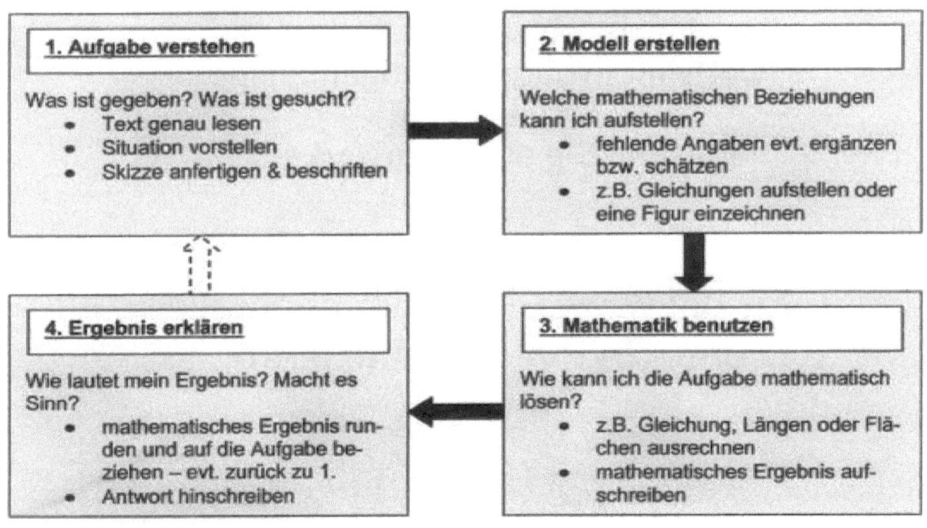

Abb.: Lösungsplan DISUM

BEI GRIN MACHT SICH IHR WISSEN BEZAHLT

- Wir veröffentlichen Ihre Hausarbeit,
  Bachelor- und Masterarbeit

- Ihr eigenes eBook und Buch -
  weltweit in allen wichtigen Shops

- Verdienen Sie an jedem Verkauf

Jetzt bei www.GRIN.com hochladen
und kostenlos publizieren